四川省工程建设地方标准

建筑工业化混凝土预制构件制作、安装及质量验收规程

DBJ 51/T 008-2012

Code for manufacture, installment and acceptance inspection of precasted concrete members in buildings

主编单位：四川省建筑科学研究院
　　　　　四川华西绿舍建材有限公司
批准部门：四川省住房和城乡建设厅
施行日期：2012年11月1日

西南交通大学出版社

2014　成都

图书在版编目（ＣＩＰ）数据

建筑工业化混凝土预制构件制作、安装及质量验收规程 / 四川省建筑科学研究院，四川华西绿舍建材有限公司主编. 一成都：西南交通大学出版社，2015.1
（四川省工程建设地方标准）
ISBN 978-7-5643-3576-2

Ⅰ. ①建… Ⅱ. ①四… ②四… Ⅲ. ①混凝土－预制结构－结构构件－规程②混凝土施工－质量检验－规程 Ⅳ. ①TU528-65②TU755-65

中国版本图书馆 CIP 数据核字（2014）第 275404 号

四川省工程建设地方标准

建筑工业化混凝土预制构件制作、
安装及质量验收规程

主编单位　四川省建筑科学研究院
　　　　　四川华西绿舍建材有限公司

责 任 编 辑	曾荣兵
助 理 编 辑	胡晗欣
封 面 设 计	原谋书装
出 版 发 行	西南交通大学出版社
	（四川省成都市金牛区交大路 146 号）
发行部电话	028-87600564　028-87600533
邮 政 编 码	610031
网　　　　址	http://www.xnjdcbs.com
印　　　　刷	成都蜀通印务有限责任公司
成 品 尺 寸	140 mm × 203 mm
印　　　　张	2
字　　　　数	48 千字
版　　　　次	2015 年 1 月第 1 版
印　　　　次	2015 年 1 月第 1 次
书　　　　号	ISBN 978-7-5643-3576-2
定　　　　价	24.00 元

各地新华书店、建筑书店经销
图书如有印装质量问题　本社负责退换
版权所有　盗版必究　举报电话：028-87600562

关于发布四川省工程建设地方标准《建筑工业化混凝土预制构件制作、安装及质量验收规程》的通知

川建标发〔2012〕197号

各市、州及扩权试点县住房城乡建设行政主管部门：

由四川省建筑科学研究院、四川华西绿舍建材有限公司主编的《建筑工业化混凝土预制构件制作、安装及质量验收规程》，已经我厅组织专家审查通过，现批准为四川省工程建设推荐性地方标准，编号为：DBJ 51/T 008-2012，自2012年11月1日起在全省实施。

该标准由四川省住房和城乡建设厅负责管理，四川省建筑科学研究院、四川华西绿舍建材有限公司负责技术内容解释。

四川省住房和城乡建设厅
二〇一二年五月十一日

前 言

本规程根据四川省住房与城乡建设厅《关于下达四川省地方标准〈住宅建筑工业化预制混凝土构件制作、安装及质量验收规程〉编制计划的通知》（川建标发〔2011〕440号）的要求，由四川省建筑科学研究院和四川华西绿舍建材有限公司会同有关单位共同编制而成。

编制过程中，编制组进行了广泛的调查研究，并充分考虑了近年来工业化混凝土预制构件施工工艺发展的现状与特点，经反复征求意见，制订了本规程。

本规程的编制，为住宅建筑中工业化混凝土预制构件的施工和验收提供了依据，具有针对性、实用性和可操作性，有利于促进技术进步、规范施工工艺和提高工程质量。

本规程主要内容包括：1 总则；2 术语；3 基本规定；4 材料；5 混凝土预制构件制作；6 混凝土预制构件安装；7 成品保护；8 生产质量保证；9 节能与环境保护；10 安全；11 质量验收。

各单位在执行本规程时，请将有关意见和建议反馈给四川省建筑科学研究院（地址：成都市一环路北三段55号；邮编：610081），以供今后修订时参考。

主编单位：四川省建筑科学研究院
四川华西绿舍建材有限公司

参编单位：成都市建筑工程质量监督站
　　　　　西南交通大学
　　　　　西南科技大学
　　　　　四川华西绿舍预制构件有限公司
　　　　　四川省第七建筑工程公司
　　　　　四川省工程质量安全与监理协会
　　　　　成都万科房地产有限公司
　　　　　四川省预应力及预制混凝土专业委员会
主要起草人：张　瀑　马　林　郑祥中　严　云　李　力
　　　　　　颜有光　鲁兆红　姚　勇　全　理　杨　成
　　　　　　刘　洋　向　鹏　王泽良　王　欣
主要审查人：秦　刚　张　静　向　学　罗进元　章一萍
　　　　　　徐家伟　黎金亮

目　次

1 总　则 …………………………………………………………… 1
2 术　语 …………………………………………………………… 2
3 基本规定 ………………………………………………………… 4
4 材　料 …………………………………………………………… 5
5 混凝土预制构件制作 …………………………………………… 7
　5.1 一般规定 …………………………………………………… 7
　5.2 模　具 ……………………………………………………… 8
　5.3 钢筋及钢筋骨架制作 ……………………………………… 9
　5.4 预留、预埋 ………………………………………………… 10
　5.5 混凝土预制构件成型和养护 ……………………………… 11
　5.6 混凝土预制构件出厂检验 ………………………………… 12
6 混凝土预制构件运输及安装 …………………………………… 15
　6.1 一般规定 …………………………………………………… 15
　6.2 混凝土预制构件运输与堆放 ……………………………… 15
　6.3 混凝土预制构件安装 ……………………………………… 16
　6.4 连　接 ……………………………………………………… 17
7 成品保护 ………………………………………………………… 18
8 生产质量保证 …………………………………………………… 19
9 节能及环境保护 ………………………………………………… 20

10 安 全	21
11 质量验收	22
11.1 一般规定	22
11.2 混凝土预制构件进场验收	22
11.3 混凝土预制构件现场安装	25
11.4 单位工程混凝土预制构件质量验收	27
本标准用词说明	29
引用标准名录	31
附：条文说明	33

Contents

1 General Provisions ··1
2 Terms ··2
3 Basic Requirements ···4
4 Materials ··5
5 Prefabricated Concrete Members Manufacture ·······································7
    5.1 General Requirement ··7
    5.2 Mould ··8
    5.3 Reinforced Steel Bar Manufacture ··9
    5.4 Reserved and Embedded Parts ··10
    5.5 Moulding and Maintenance of Prefabricated
         Concrete Members ··11
    5.6 Inspection of Prefabricated Concrete Members ·······················12
6 Transportation and Erection of Prefabricated
   Concrete Members ···15
    6.1 General Requirements ··15
    6.2 Transportation and Stacking of Prefabricated
         Concrete Members ··15
    6.3 Installment of Prefabricated Concrete Members ······················16
    6.4 Connection ···17

7　Protection of Finished Members and Structure ················ 18
8　Manufacturing Quality Assurance ····························· 19
9　Energy Saving and Environmental Protection ················ 20
10　Safety ·· 21
11　Acceptance Inspection of Quality ······························ 22

　　11.1　General Requirement ·································· 22
　　11.2　Site Inspection of Prefabricated
　　　　　Concrete Members ······································ 22
　　11.3　Rection of Prefabricated Concrete Members ············ 25
　　11.4　Quality Acceptance Inspection of units Engineering
　　　　　Prefabricated Concrete Members ······················· 27

Explanation of Word in this Speicification ······················ 29
List of Quoted Standards ··· 31
Addition Explanation of Provisions ······························ 33

1 总 则

1.0.1 为加强建筑工业化混凝土预制构件分部工程的管理，保证工程质量，促进建筑工业化的发展，制定本规程。

1.0.2 本规程适用于建筑工程中工业化混凝土预制构件的制作、安装及质量验收。

1.0.3 建筑工程中工业化混凝土预制构件的制作、安装及质量验收除执行本规程外，尚应符合国家现行有关标准的规定。

2 术 语

2.0.1 工业化混凝土预制构件 industrialized prefabricated member

采用工业化方式制作的混凝土预制构件，不包括施工现场制作的构件。构件包括了在制作中将门窗、表面装饰、管线、构配件等与构件一同制作并形成具有一定使用功能的部件。

2.0.2 构件实体检验 inspection of members entity

对已进入施工现场的构件，按照进场检验批所进行的钢筋保护层厚度、钢筋数量以及合同约定项目的检验。

2.0.3 构件结构性能检验 inspection of structural performance for member

对结构构件的承载能力、挠度、裂缝控制等性能指标所进行的检验。

2.0.4 出厂检验批 lot of factory inspection

构件生产企业根据构件生产时间或数量划分的检验批次。

2.0.5 进场检验批 lot of site inspection

构件生产委托方根据构件进场批次划分的检验批次，一般可按楼层划分。

2.0.6 验收检验批 lot of acceptance inspection

按单位工程混凝土预制构件分部工程验收的规定而划分的检验批次。

2.0.7 严重缺陷 serious defect

在构件中存在的影响构件受力性能或安装使用性能的缺陷。

2.0.8　一般缺陷　common defect

在构件表面存在的经过修复不影响构件受力性能或安装使用性能的缺陷。

3 基本规定

3.0.1 混凝土预制构件生产企业应根据构件制作、运输及安装的需要对原设计文件进行深化设计,深化后的设计文件涉及结构安全时应取得原工程设计单位认可。

3.0.2 在混凝土预制构件的制作、运输及安装前,应根据构件的特点编制专项施工方案,方案中应包括施工各阶段的施工验算。

3.0.3 混凝土预制构件批量制作前宜进行预安装,并根据预安装情况对制作工艺、深化设计文件、施工方案等进行必要调整。

3.0.4 混凝土预制构件生产企业应按本规程的要求建立混凝土预制构件生产的质量保证体系。

3.0.5 在各施工阶段均应对混凝土预制构件成品采取有效的保护措施。

3.0.6 在混凝土预制构件的进场检验中,构件结构性能检验或构件实体检验不满足设计文件要求的构件不得用于工程。

3.0.7 采用新技术、新材料、新设备、新工艺时,应组织进行论证,论证通过后方可应用于工程。

4 材 料

4.0.1 混凝土预制构件制作及安装中使用的材料、构配件及产品，应符合设计文件及现行标准的规定，并综合考虑使用功能、耐久性及节能环保等要求。

4.0.2 原材料、构配件及产品进场时，应按批次检查原材料质量证明文件、材料外观、规格（等级）、生产批次（日期）等，并应按相关标准规定进行抽样检验。

4.0.3 保温材料与构件同时成型时，保温材料应选择吸水率低的材料。

4.0.4 门窗框采用金属型材时，应采取防止产生电化学腐蚀的措施。

4.0.5 外墙饰面砖与结构体的粘结性能应满足《建筑工程饰面砖粘结强度检验标准》（JGJ 110）的要求。

4.0.6 夹芯保温墙板内外板的连接件，其性能应符合设计要求，并应按不大于1 000件为一批，抽取三件进行力学性能检验。

4.0.7 混凝土预制构件采用的内埋式吊具，其性能应满足吊装安全性的要求，并应按不大于1 000件为一批，抽取三件进行力学性能检验。

4.0.8 混凝土预制构件所采用的普通混凝土强度等级不应低于C30。

4.0.9 混凝土外加剂的选用及掺量应根据工艺适应性和实际效果通过试验确定。

4.0.10 外墙板接缝采用弹性密封材料防水时,混凝土接缝用密封胶应符合《混凝土建筑接缝用密封胶》(JC/T881)的要求。

4.0.11 脱模剂的选用应满足有效脱模、不污染混凝土表面、不影响装修质量的原则。

4.0.12 原材料及产品进场后,应按种类、批次分开贮存与堆放,标识明晰,并有相应的保护措施。

5 混凝土预制构件制作

5.1 一般规定

5.1.1 应根据混凝土预制构件的制作特点编制专项构件制作技术方案，并进行技术交底，明确制作过程中的质量标准和质量控制要点。

5.1.2 混凝土预制构件制作的各工序均应进行质量检查，作好相关记录，并对半成品和成品进行标识，符合要求后方可进行下道工序。

5.1.3 制作混凝土预制构件的模具精度应满足混凝土预制构件的精度要求。

5.1.4 混凝土预制构件制作时宜根据安装的需要对安装控制位置进行标识。

5.1.5 混凝土预制叠合构件的叠合面处理应符合设计要求。

5.1.6 混凝土预制外墙板饰面材料采用面砖或石材时，在批量制作前应按照实际工艺条件制作样板，并进行粘结性能检验。样板数量不应少于3件。

5.1.7 出厂的混凝土预制构件，应按出厂检验批提供合格证明文件，并按出厂检验批提供质量保证资料。

5.1.8 在构件制作时，应充分考虑使用阶段的功能要求，作好预留预埋。

5.2 模 具

5.2.1 模具的刚度和稳定性应满足制作工艺的需要；模具组装应牢固、严密、不漏浆。

5.2.2 模具堆放场地应平整、坚实，不得积水；模具每次使用后，应清理干净，不得留有水泥浆和混凝土残渣。

5.2.3 模具在使用过程中应定期进行维护。

5.2.4 模具的允许偏差应符合表 5.2.4 的要求。

表 5.2.4 模具的允许偏差

项次	项 目	允许偏差/mm	检 验 方 法
1	长度	1，-2	用尺量测，取最大值
2	宽度	1，-2	用尺量测，取最大值
3	厚度	0，-2	用尺量测两端或中部，取最大值
4	对角线差	3	用尺量测纵、横两个方向对角线
5	侧向弯曲	$L/1500$，且≤3	拉线，用尺量测侧向弯曲最大处
6	翘曲	$L/1500$	调平尺在两端量测
7	底模板表面平整度	2	用 2 m 直尺和楔形塞尺测量测
8	组装缝隙	1	用塞片或塞尺量测
9	端模与侧模高低差	1	用尺量测
10	预埋件中心线	3	用尺量测

注：L 为构件长度（mm）。

5.3 钢筋及钢筋骨架制作

5.3.1 混凝土预制构件所使用的钢筋应成批加工，并宜加工成钢筋骨架；钢筋骨架加工应制作试件，在通过检验后再成批加工。

5.3.2 钢筋骨架宜采用专用成型架绑扎或焊接成型。

5.3.3 钢筋骨架中钢筋、配件和埋件的品种、规格、数量、位置及加工等应符合设计文件及相关标准要求。

5.3.4 钢筋骨架的尺寸偏差应符合表5.3.4的要求。

表5.3.4 钢筋骨架的尺寸偏差要求

项次	检验项目及内容	允许偏差/mm	检查方法
	网的长度	5, -10	钢尺检查
1	网的宽度	5, -10	钢尺检查
2	网眼尺寸	±10	钢尺量连续三档，取最大值
	骨架的高度	±5	钢尺检查
3	骨架的宽度	±5	钢尺检查
4	骨架的长度	5, -10	钢尺检查
5	钢筋间距	±10	钢尺量连续三档，取最大值
6	钢筋排距	±5	钢尺量连续三档，取最大值

5.3.5 钢筋骨架应按混凝土预制构件的规格和类型进行标识。

5.3.6 钢筋骨架应根据规格采用多吊点吊运或采用专用吊架吊运。

5.3.7 钢筋骨架入模前，应检查、校正钢筋骨架尺寸，钢筋骨架表面不应有颗粒状或片状锈蚀；钢筋骨架入模时，表面不得有污染。

5.3.8 钢筋骨架在入模过程中应校正入模位置，入模后不得移动。

5.3.9 钢筋骨架应采用垫、吊等方式，满足钢筋各部位的保护层厚度。钢筋骨架的定位方式不应对混凝土预制构件表面质量产生影响。

5.4 预留、预埋

5.4.1 预埋的构配件、埋件及门窗框、预埋管线等应预先放置在模具上并固定牢固。

5.4.2 预埋的构配件、埋件及门窗框、饰面材料等的外露部分应采取措施，防止混凝土在浇捣中污损。

5.4.3 带饰面砖的混凝土预制构件宜采用反打一次成型工艺；饰面砖宜进行预铺设并对尺寸进行调整后，再采用适当措施在模具上固定牢固。

5.4.4 在制作过程中，门窗框的固定措施应考虑温度与受力对门窗框变形的影响。

5.4.5 预留孔洞的模具应固定牢固并满足拆模要求。

5.5 混凝土预制构件成型和养护

5.5.1 每班同一配合比混凝土且不大于 100 m³ 应留取不少于一组的标准养护试块及一定数量的同条件养护试块。

5.5.2 混凝土搅拌时间不得少于 90 s，当使用外加剂或掺合料时，搅拌时间应经过试验确定。

5.5.3 混凝土原材料的计量偏差应符合表 5.5.3 的规定。

表 5.5.3 原材料每盘称量的允许偏差

材料名称	允许偏差
水泥、掺合料	±1%
粗、细骨料	±2%
水、外加剂	±1%

5.5.4 混凝土预制构件浇筑成型前，应对模具、隔离剂涂刷、钢筋成品（骨架）质量、保护层控制措施、预留孔道、配件和埋件等逐项进行检查，符合有关标准规定和设计文件要求后方可浇筑混凝土。

5.5.5 混凝土成型应采用与工艺相适应的振捣方式。

5.5.6 混凝土预制构件混凝土浇筑完毕后，应及时养护，养护时间应根据工艺要求确定。

5.5.7 混凝土预制构件制作完毕后，应及时标记工程名称、混凝土预制构件型号、制作日期、检验状态、生产企业等相关信息。

5.5.8 当采用蒸汽养护时，在专项工艺方案中应明确混凝土预制构件静停时间、升温速度、恒温时最高温度、恒温时间及降温速度等参数。

5.5.9 混凝土预制构件的脱模、起吊方式应符合专项技术方案的要求。

5.5.10 混凝土预制构件采用蒸汽养护时，当蒸养罩内外温差小于 20 ℃后方可进行脱罩作业。

5.5.11 混凝土预制构件起吊时的混凝土强度值应根据计算确定，且起吊时同条件养护试块强度不应低于 15 MPa。

5.5.12 混凝土预制构件脱模起吊前，应确认构件与模具间的连接部分已完全拆除。

5.5.13 混凝土预制构件的外观质量不应有严重缺陷。对已经出现的可修复的严重缺陷，应制订专项技术处理方案，经各方认可后进行处理，并重新检验。

5.5.14 混凝土预制构件的外观质量不宜有一般缺陷。对已经出现的一般缺陷，应按技术处理方案进行处理，并重新检验。

5.6 混凝土预制构件出厂检验

5.6.1 混凝土预制构件在出厂前应逐件进行出厂质量检验，合格后方可出厂。

5.6.2 混凝土预制构件出厂时的外观质量应符合表 5.6.2 的要求。

表 5.6.2 混凝土预制构件的外观质量要求及检查方法

项次	项目	质量要求	检查方法
1	露筋	不应有	目测
2	蜂窝	不应有	目测
3	外表缺陷	不应有	目测
4	外形缺陷	不应有	目测

5.6.3 混凝土预制构件的尺寸偏差应符合表 5.6.3 的要求,尺寸偏差超出允许范围的构件未经处理不得出厂。

表 5.6.3 混凝土预制构件尺寸允许偏差及检查方法

检查项目		允许偏差/mm	检查方法
截面尺寸	长	±3	钢尺检查
	宽	±3	钢尺检查
	高(厚)	±3	钢尺检查
对角线差		5	钢尺检查
侧向弯曲		$L/1000$,且≤15	拉线,用钢尺量测侧向弯曲最大处
表面平整度(预埋件)		3	2 m 靠尺和塞尺检查
预埋件中心线		5	钢尺检查
预埋管、预留孔洞中心线		5	钢尺检查
预留孔洞尺寸		5	钢尺检查

注:L 为构件长度(mm)。

5.6.4 混凝土预制构件中所含门窗、饰面、保温及防水等分项工程，除应符合本规程的规定外，尚应符合现行国家标准及设计所规定的参数、性能要求，其参数、性能检验按现行标准执行。

5.6.5 设计文件有要求时，批量生产的主要结构构件应按照设计要求及《混凝土结构工程施工质量验收规范》(GB 50204)进行结构性能检验。

6 混凝土预制构件运输及安装

6.1 一般规定

6.1.1 混凝土预制构件的运输及安装应编制专项方案,并进行施工验算。

6.1.2 混凝土预制构件运输及安装时的混凝土强度应满足设计要求;设计无具体要求时,混凝土预制构件的混凝土同条件试件强度不应小于设计强度的75%。

6.1.3 混凝土预制构件安装前,应复核已施工完成结构的尺寸偏差、预留钢筋及预埋件位置等是否满足设计规定和吊装要求。不符合要求时,应制订技术处理方案进行处理。

6.1.4 吊装应根据混凝土预制构件的特点选择适当的吊具。

6.2 混凝土预制构件运输与堆放

6.2.1 应根据混凝土预制构件类型选择运输车辆,并根据需要设置临时支架及可靠的构件稳定措施。

6.2.2 易倾覆的混凝土预制构件应设置防止构件倾覆的支架。用于稳定混凝土预制构件的插放架、靠放架应有足够的强度和刚度,并需支垫稳固。

6.2.3 混凝土预制构件在运输过程中,宜在构件与刚性搁置点处填塞柔性垫片或垫块。

6.2.4 混凝土预制构件在运输和堆放中的支垫位置应满足构

件施工验算要求。

6.2.5 混凝土预制构件运送到施工现场后，宜按规格、品种、所用部位、吊装顺序分别设置堆场。混凝土预制构件的现场堆场应按施工组织设计的平面布置堆放。

6.2.6 混凝土预制构件的堆放场地应平整坚实并保持排水良好，构件与地面之间应留有一定空隙。重叠堆放构件时，每层构件间的垫木或垫块应在同一垂直线上，重叠层数不宜大于6层。

6.2.7 混凝土预制墙板可根据施工要求选择适宜的堆放和运输方式，对于外观复杂的平面墙板及非平面墙板宜采用插放架、靠放架直立堆放，并宜采取直立运输方式。

6.2.8 堆放混凝土预制构件时应保证最下层构件垫实，预埋吊件向上，标识向外。垫木或垫块在混凝土预制构件下的位置宜与脱模、吊装时的起吊位置一致。

6.3 混凝土预制构件安装

6.3.1 混凝土预制构件安装前，应核对构件的型号、规格、数量等技术参数，检查合格后方可进行构件安装。

6.3.2 混凝土预制构件安装前应根据设计图纸进行测量放线，做好安装定位标志，并清理连接部位的灰渣和浮浆。

6.3.3 混凝土预制构件吊装就位后，应及时在构件和已施工完成结构间设置临时固定措施。混凝土预制构件与吊具的分离宜在临时固定措施安装完成及测量校准定位后进行。

6.3.4 预制叠合构件的安装应符合下列规定：
    1 预制叠合板等构件的支撑应根据设计要求或施工方案

设置。支撑处标高除应符合设计规定外，尚应考虑支承系统本身在施工荷载作用下的变形。

  2 施工荷载应符合设计规定，并应避免单个混凝土预制构件承受较大的集中荷载。

  3 预制叠合构件后浇混凝土层施工前，应按设计要求检查结合面构造处理措施，检查并校正混凝土预制构件外露钢筋。

  4 预制叠合构件中后浇混凝土强度达到设计要求后方可拆除支撑或承受施工荷载。

6.3.5 混凝土预制构件安装完成后，应按本规程的要求逐件检查安装偏差，并形成检查记录。

6.4 连 接

6.4.1 混凝土预制构件的连接应符合设计文件要求，区分柔性连接和刚性连接，保证连接合理。

6.4.2 采用现场浇筑混凝土进行混凝土预制构件刚性连接时，对应的构件表面的构造处理措施应符合设计要求。

6.4.3 混凝土预制构件连接采用柔性连接时，连接措施应符合设计要求。

6.4.4 对外墙混凝土预制构件接缝处的防水构造应有保护措施；表面弹性密封材料施工时，应满足施工条件的要求。

6.4.5 混凝土预制构件连接采用焊接或螺栓连接时，应符合钢结构设计及验收标准的要求。

7 成品保护

7.0.1 混凝土预制构件成品的堆放应保持构件的稳定,避免构件损伤。

7.0.2 所有墙、柱、较大孔洞口、楼梯踏步、拼接薄弱部位,在拆模后宜及时做好角部保护。

7.0.3 预制混凝土外墙板饰面砖、石材、涂刷表面可采用贴膜或用其他专用材料保护。

7.0.4 混凝土预制构件暴露在空气中的预埋件应进行防护处理。

7.0.5 预埋螺栓孔应进行临时封堵。

7.0.6 预制混凝土楼梯安装后,踏步口宜采取铺设木条或其他覆盖形式保护。

7.0.7 预制混凝土外墙板安装完毕后,门、窗框应采取保护措施。

7.0.8 较深的预留凹槽、孔洞应及时处理。

8 生产质量保证

8.0.1 混凝土预制构件生产企业应具备相应的资质等级。

8.0.2 混凝土预制构件生产企业应具有独立的试验室并具有相应的检测设备，检测设备应经过校准，并按规定进行定期检验；检测人员应持证上岗。

8.0.3 混凝土预制构件生产企业应建立完善的质量保证制度及工程资料档案管理制度。

8.0.4 混凝土预制构件生产企业试验室应建立内部试验资料定期与具备相应资质的第三方检测机构进行比对的制度，并保存相关资料。

8.0.5 混凝土预制构件制作前编制的制作技术方案，应包括模板方案、技术质量控制措施、安全生产、成品保护、相关各方过程监督等内容。

8.0.6 混凝土预制构件生产企业应按照工程资料档案管理的要求保存生产过程中各类文本及图片等信息资料。

8.0.7 混凝土预制构件生产应有可靠的工艺参数，如果需要应通过试生产加以验证。

8.0.8 根据设计文件的要求，混凝土预制构件生产企业对重要的或批量生产的混凝土预制构件应委托具有相应资质的第三方检测机构进行混凝土预制构件结构性能的型式检验。

8.0.9 混凝土预制构件生产企业的生产能力和质量保证措施宜通过独立的第三方专业机构或组织认可。

9 节能及环境保护

9.0.1 在混凝土预制构件模具的设计时，应综合考虑模具的周转次数及回收利用，选用合适的材料制作模具。

9.0.2 构件制作中应采用散装水泥。

9.0.3 成品门窗宜优先采用取得节能标识的产品。

9.0.4 脱模剂宜采用环保型脱模剂。

9.0.5 混凝土预制构件的养护应优先选择能耗较低的养护工艺。

9.0.6 混凝土预制构件制作时，应优先选择高效外加剂及掺合料，降低环境负荷。

9.0.7 混凝土预制构件的接缝、填充材料不应采用有毒、有害材料。

9.0.8 混凝土预制构件运输过程中，应保持车辆的整洁，防止对道路的污染，减少道路扬尘。

9.0.9 混凝土预制构件制作中，宜对各类废弃物及养护用水进行处理并循环利用。

9.0.10 混凝土预制构件安装施工中，应制订各类废弃物的处置方案，严禁随意丢弃。

10 安 全

10.0.1 在混凝土预制构件制作、运输及安装中,特种作业人员应持证上岗。

10.0.2 编制专项施工方案应包括混凝土预制构件制作、运输及安装等各阶段的安全措施等内容。

10.0.3 混凝土预制构件运输时应采取固定措施,防止构件移动或倾倒。

10.0.4 吊运混凝土预制构件时,下方禁止站人;构件就位固定后,方可脱钩;脱钩人员应使用专用梯子,并在楼层内操作。

10.0.5 高处吊装作业时,严禁攀爬混凝土预制构件,不得在构件顶面上行走。

10.0.6 操作人员在楼层内进行操作时,应佩戴安全带并有效固定。

10.0.7 当混凝土预制构件吊至操作层时,操作人员应在楼层内用专用工具将构件上系扣的缆风绳牵引至楼层内。

10.0.8 遇到雨、雪、雾天气,或者风力大于6级时,严禁吊装作业。

11 质量验收

11.1 一般规定

11.1.1 单位工程的混凝土预制构件按分部工程进行验收,其质量控制包括混凝土预制构件进场验收及现场施工质量验收。

11.1.2 混凝土预制构件进场验收可依据进场检验批次按分项工程进行验收。

11.1.3 混凝土预制构件现场安装完成后可按楼层、变形缝、施工段或产品种类等划分验收检验批按分项工程进行验收。

11.1.4 混凝土预制构件进场后应进行构件实体检验。

11.1.5 根据设计文件要求进行的混凝土预制构件结构性能检验应在监理工程师见证下,由施工项目技术负责人组织实施,承担结构性能检验的单位应具有相应资质。

11.1.6 对有防渗要求的接缝应参照《建筑幕墙》(GB/T 21086)的试验方法进行现场淋水试验。

11.2 混凝土预制构件进场验收

主控项目

11.2.1 按混凝土预制构件进场检验批次检查其合格证、出厂检验报告和结构性能检验报告。对混凝土预制构件中所含门窗、饰面、保温及防水等分项工程，按进场检验批次检查其合格证、出厂检验报告和参数、性能、粘接（连接）检验报告。

11.2.2 混凝土预制构件应在明显部位标明生产企业、混凝土预制构件型号、生产日期和质量检验标志。混凝土预制构件上的预埋件、插筋和预留孔洞的规格、位置和数量应符合设计的要求。

检查数量：全数检查。

检验方法：对照设计图纸进行观察、量测。

11.2.3 混凝土预制构件不应有严重缺陷。

检查数量：全数检查。

检验方法：观察。

11.2.4 混凝土预制构件不应有影响结构性能和安装、使用功能的尺寸偏差。对超过尺寸允许偏差且影响结构性能和安装、使用功能的部位，应按技术处理方案进行处理，并重新检查验收。

检查数量：全数检查。

检验方法：量测，检查技术处理方案。

11.2.5 混凝土预制构件与饰面砖、石材、保温材料及防水材料粘贴应可靠。

检查数量：全数检查。

检验方法：轻击观察。

11.2.6 混凝土预制构件中主要受力钢筋数量及保护层厚度应满足国家现行标准及设计文件的要求。

检查数量：按进场检验批次，悬挑混凝土预制构件抽取不小于20%；其他混凝土预制构件各抽取2%且不少于5个混凝土预制构件。

　　检验方法：非破损检测。

11.2.7 混凝土预制构件的混凝土强度应符合设计要求。

　　检查数量：按构件生产批次。

　　检验方法：检查标养及同条件混凝土强度试验报告。

11.2.8 混凝土预制构件的构件实体检验结果不满足设计要求时，应委托具有相应资质等级的检测机构按国家有关标准的规定进行检测。检测结果不合格时，应由原设计单位核算并确认，对满足结构安全和使用功能的检验批，可予以验收。

一般项目

11.2.9 混凝土预制构件的外观质量不宜有一般缺陷。对已经出现的一般缺陷，应按技术处理方案进行处理，并重新检查验收。

　　检查数量：全数检查。

　　检验方法：观察、检查技术处理方案。

11.2.10 混凝土预制构件的尺寸偏差应符合本规程相关规定。

　　检查数量：按照进场检验批，同一规格（品种）的构件每次抽检数量不应少于该规格（品种）数量的5%，且不少于3件。

　　检验方法：钢尺、靠尺、塞尺检查。

11.2.11 符合下列规定时，混凝土预制构件质量评为合格：

1 主控项目全部合格。

2 一般项目的质量经检验合格，且没有出现影响结构安全、安装施工和使用安全要求的缺陷。

3 一般项目中允许偏差项目的合格率大于等于 80%，允许偏差不得超过最大限值的 1.5 倍，且没有出现影响结构安全、安装施工和使用安全要求的缺陷。

11.3 混凝土预制构件现场安装

主控项目

11.3.1 混凝土预制构件安装前，其外观质量应符合设计要求。

检查数量：按验收检验批检查。

检验方法：目测。

11.3.2 混凝土预制构件与结构之间的连接应符合设计要求。连接处钢筋或埋件采用焊接、机械连接或叠合面二次现浇时，接头质量应符合国家现行标准及设计要求。

检查数量：全数检查。

检验方法：观察、检查施工记录。

11.3.3 混凝土预制构件临时吊装支撑应符合设计及相关技术标准要求，安装就位后，应采取保证混凝土预制构件稳定的临时固定措施。

检查数量：全数检查。

检验方法：观察、检查施工记录。

11.3.4 承受内力的后浇混凝土接头和拼缝，当其混凝土强度未达到设计要求时，不得吊装上一层结构混凝土预制构件；当设计无具体要求时，应在混凝土强度不小于 10 MPa 或具有足够的支承时方可吊装上一层结构混凝土预制构件。已安装完毕的结构，应在混凝土强度达到设计要求后，方可承受全部设计荷载。

  检查数量：全数检查。

  检验方法：检查施工记录及同条件混凝土强度试验报告。

一般项目

11.3.5 混凝土预制构件堆放和运输时的支承位置和方法应符合设计的要求。

  检查数量：全数检查。

  检验方法：观察检查。

11.3.6 混凝土预制构件应按设计的要求吊装。起吊时绳索与混凝土预制构件水平面的夹角不宜小于 45°，否则应采用吊架或经验算确定。

  检查数量：全数检查。

  检查方法：观察检查。

11.3.7 混凝土预制构件安装就位后，应根据水准点和轴线校正位置。混凝土预制构件安装尺寸偏差应符合表 11.3.7 的规定。

  检查数量：按验收检验批，在同一规格（品种）的构件总数中抽取 10%。

  检验方法：观察，钢尺检查。

表 11.3.7 安装尺寸最大允许偏差（mm）

项　目	最大允许偏差	检验方法
轴线位置	5	钢尺检查
底模上表面标高	±5	水准仪或拉线、钢尺检查
每块外墙板垂直度	5	2m靠尺检查
相邻两板表面高低差	2	2m靠尺和塞尺检查
外墙板外表面平整度	3	2m靠尺和塞尺检查
空腔处两板对接对缝偏差	5	钢尺检查
外墙板单边尺寸偏差	3	钢尺量一端及中部，取其中较大值
连接件位置偏差	5	钢尺检查

11.3.9 混凝土预制构件的接头和拼缝应符合设计要求。

　　检查数量：全数检查。

　　检验方法：检查施工记录及试件强度试验报告。

11.4 单位工程混凝土预制构件质量验收

11.4.1 单位工程混凝土预制构件按分部工程进行验收，验收时应提供下列文件和记录：

　　1　设计变更文件；

　　2　原材料出厂合格证、混凝土预制构件合格证和进场复验报告；

　　3　钢筋接头、埋件的试验报告；

　　4　叠合面及二次浇注部分的施工记录；

　　5　试件的性能试验报告，混凝土预制构件的参数、性能、粘接（连接）检验报告；

　　6　混凝土预制构件安装等隐蔽验收记录；

　　7　分项工程验收及构件实体检验记录；

　　8　现场淋水试验记录；

　　9　工程的重大质量问题的处理方案和验收记录；

　　10　其他必要的文件和记录。

11.4.2　单位工程混凝土预制构件分部工程质量验收合格应符合下列规定：

　　1　有关分项工程施工质量验收合格；

　　2　应有完整的质量控制资料；

　　3　观感质量验收合格；

　　4　构件实体检验结果符合要求。

本标准用词说明

1 为便于在执行本标准条文时区别对待，对执行标准严格程度的用词说明如下：

　　1）表示很严格，非这样做不可的用词
　　　　正面词采用"必须"，反面词采用"严禁"。
　　2）表示严格，在正常情况下均应这样做的用词
　　　　正面词采用"应"，反面词采用"不应"或"不得"。
　　3）表示允许稍有选择，在条件许可时首先应这样做的用词
　　　　正面词采用"宜"，反面词采用"不宜"。
　　　　表示有选择，在一定条件下可以这样做的，采用"可"。

2 规程中指定按其他有关标准、规范的规定执行时，写法为"应符合……的规定"或"应按……执行"。

引用标准名录

1 《建筑工程饰面砖粘结强度检验标准》（JGJ 110）
2 《混凝土建筑接缝用密封胶》（JC/T 881）
3 《建筑幕墙》（GB/T 21086）
4 《混凝土结构工程施工质量验收规范》（GB 50204）

四川省工程建设地方标准

建筑工业化混凝土预制构件制作、
安装及质量验收规程

DBJ 51/T 008 – 2012

条文说明

目　次

1 总　则 …………………………………………………… 37
3 基本规定 ………………………………………………… 38
4 材　料 …………………………………………………… 40
5 混凝土预制构件制作 …………………………………… 42
　5.1 一般规定 …………………………………………… 42
　5.3 钢筋及钢筋骨架制作 ……………………………… 43
　5.4 预留、预埋 ………………………………………… 43
　5.5 混凝土预制构件成型和养护 ……………………… 43
　5.6 混凝土预制构件出厂检验 ………………………… 44
6 混凝土预制构件运输及安装 …………………………… 45
　6.1 一般规定 …………………………………………… 45
　6.4 连　接 ……………………………………………… 45
7 成品保护 ………………………………………………… 47
8 生产质量保证 …………………………………………… 48
9 节能及环境保护 ………………………………………… 50
10 安　全 ………………………………………………… 51
11 质量验收 ……………………………………………… 52
　11.1 一般规定 ………………………………………… 52
　11.2 混凝土预制构件进场验收 ……………………… 53

1 总 则

1.0.1 在建筑工程中有大量经过标准化设计的混凝土构件可以通过工业化生产方式进行制作，由于混凝土预制构件的工厂工业化生产方式与现场制作方式在质量管理要求上存在明显的差别，为了促进建筑工业化的发展，需要结合工业化生产方式的特点，在国家现行标准的基础上，对工业化混凝土预制构件分部工程的质量保证措施及验收管理方法提出要求。

1.0.2 混凝土预制构件可以在工厂制作，也可以在现场制作，但两种生产方式的管理要求存在很大差别，本规程适用于符合本规程生产质量保证要求并在工厂制作完成的混凝土预制构件。针对现场制作的构件，其质量管理应按照现浇混凝土工程的相关规定执行。

1.0.3 在与预制构件相关的施工中，如叠合构件、构件间的现浇节点等需要现场浇筑混凝土，还可能需要在现场完成铺设部分钢筋、连接节点焊接等工序，此类现场完成的工序应按照相应的施工验收标准进行验收。

3 基本规定

3.0.1 针对预制构件,设计文件可分为两种情况,一是设计图纸已包括构件详图,二是需要生产企业进行详图设计。无论哪种情形,由于构件的制作条件、运输条件及安装条件的不同,为了更好地发挥预制构件的优点,预制构件生产企业作为施工过程的第一个环节,应当在施工过程的初期尽可能解决存在的问题,因此,生产企业应当对设计文件作进一步深化,深化设计可能包括了构件拆分方案、各阶段吊点的设置、安装预埋件设置等内容。在深化设计中,为了满足构件制作、运输及安装的需要而设置的预留、预埋等可能影响构件或主体结构的安全时,应取得原设计单位的认可。

3.0.2 预制构件的特点在一定程度上决定了施工各阶段可能采取的施工工艺方法,在专项施工方案中应包括质量保证措施、安全保证措施等。预制构件在施工过程中,其受力状态、混凝土强度等与设计的最终状态存在差别,为了保证质量和安全需要进行各阶段的施工验算,施工验算应包括脱模、起吊、堆放、运输、安装等各个不同状态的构件受力验算。根据实际分工的不同,各阶段的方案可能由不同的单位编制。

3.0.3 针对制作、安装工艺不够成熟的预制构件,通过预安装,可以尽早发现深化设计文件中存在的问题并进行修改;对于初次承担预制构件施工的企业,可以通过预安装熟悉整个安装工艺流程。

3.0.4 按照工业化方式制作的预制构件，后续的各个工序都是在成品构件的基础上实施，构件的生产质量成为保证结构安全及工程整体质量中最关键的环节，因此，生产企业应当建立完善的生产质量保证体系，本规程第 8 章对保证质量的主要措施提出了要求。

3.0.5 在工程应用中，混凝土预制构件可能已完成外装饰或不再进行外装饰，门窗等产品可能已与构件一同完成成型，因此，成品保护是保证构件外观质量及已安装产品不受损伤的重要措施。

3.0.6 预制构件进场后，需要进行钢筋数量和保护层厚度等结构实体检验，以验证生产企业所提供的质量保证文件、资料的真实性；对设计有要求或批量生产的构件尚应进行构件结构性能检验。

3.0.7 "四新"技术的论证应按照国家有关规定执行。针对生产过程中生产企业采用的不影响构件成品质量的各类技术，可由企业组织论证。

4 材 料

4.0.1 本条所涉及的材料、构配件及产品包括了生产过程中的各类材料及由生产企业采购的成品，如门窗等。

4.0.2 构件生产所用原材料、构配件及产品的质量证明文件包括了各类产品的合格证明文件，混凝土外加剂尚应提供使用说明。

4.0.3 预制构件生产中，保温材料通常均采用夹芯方式与构件同时成型，吸水率低的材料较易保证成品质量。

4.0.4 预制构件中的门窗在混凝土浇筑前已安放就位，金属表面与混凝土直接接触，因此需要采取措施防止出现腐蚀的问题。

4.0.5 在预制构件表面使用外墙饰面砖时，既可以采用一次反打成型工艺，也可以采用后粘贴工艺，应按照所采用的工艺选择外墙饰面砖的类型。外墙饰面砖与结构体的粘结强度必须满足国家现行标准的要求。

4.0.6 夹芯保温墙板内外板的连接件通常采用钢筋或标准件；对于所选用的标准件，应同时考虑耐久性要求和力学性能要求，并对标准件的基本力学性能进行进厂检验。

4.0.7 为了保证预制构件的表面质量，预制构件通常采用内埋式吊具，吊具需要进行基本力学性能的进厂检验。

4.0.8 为了保证预制构件的表观质量，同时发挥工业化生产方式混凝土质量较易得到保证的优点，减少工程中混凝土的使用量，构件的普通混凝土强度等级不宜过低。但当构件采用轻质混凝土或设计文件有要求时，可按设计要求执行。

4.0.10 外墙板接缝防水处理直接影响建筑的功能，在选择密封胶时应综合考虑构件温度变形及耐久性的要求，为了避免在胶体中产生过大应力，建议选择弹性模量较低的密封胶。

5 混凝土预制构件制作

5.1 一般规定

5.1.1 编制制作技术方案的目的是便于制作过程中的质量控制，技术交底应当使施工班组充分理解各环节的控制要点。

5.1.2 工业化生产预制构件的过程应当受到控制，工序质量的检查记录及半成品和成品的标识是生产企业进行质量控制的重要手段，与此同时，具有标识的半成品和成品有利于委托方等对构件生产过程中的质量监督、检查。

5.1.3 工业化预制构件的表观质量、尺寸控制有较高要求，模具精度是保证构件精度满足要求的基本条件，通常采用定型模具较易满足精度要求；但定型模具并非专用模具，生产企业可以根据实际条件选择。

5.1.4 为了便于预制构件的安装定位，构件在出厂前，事前将构件的安装控制线等进行标识是非常重要的环节，尤其对外形较复杂的构件就更为重要。

5.1.6 为了保证外墙石材等装饰的安全性，需要通过工艺试验来确定选择合适的材料和工艺；同时，针对需要在工厂完成外墙面砖粘贴的情况，如果构件进入施工现场后再进行粘结性能检验，可能无法将装饰面层恢复到原有状况，考虑到以上两种因素，提出本条规定。

5.3 钢筋及钢筋骨架制作

5.3.1 由于工业化生产预制构件时,并不要求监理或委托方固定有监督人员驻厂监督,钢筋成批加工及加工成骨架便于钢筋加工质量的控制及第三方进厂检查。

5.3.2 采用专用成型架容易实现批量生产。采用焊接成型时,钢筋的每个交叉点均应该焊接;采用绑扎时,绑扎丝不应少于两圈,推荐采用扎扣,扎扣及尾端应朝向构件的截面的内侧。

5.3.5 主要为了便于钢筋骨架的识别及第三方检查。

5.4 预留、预埋

5.4.3 预制构件的外饰面砖有两种工艺方法,即反打一次成型工艺和工厂后粘贴工艺,其中反打一次成型工艺形成的饰面,其粘结性能更容易保证。

5.5 混凝土预制构件成型和养护

5.5.1 标准养护条件的试件强度是作为交工验收的必备资料,在制作、运输及安装的各个环节中。为了控制过程质量,通常还需要按一定规则留取同条件养护试件,在脱模起吊、运输及安装各环节,生产企业还需根据本企业混凝土质量控制水平确定是否需要增加试件数量。

5.5.5 良好的振捣方式是保证混凝土质量的基础,针对不同类型的构件应选用不同的振捣方式,如厚度小于15 cm的板式构件主要采用平板式振动器,厚度大于15 cm的构件则主要采用插入式振动器；在构件受料面积较小时，可采用附着式振动器。对于单体较小构件也可以采用振动台成型。

5.5.11 为了保证起吊过程中不会对构件性能造成影响，起吊时的混凝土强度不宜过低。脱模时间可根据实际生产工艺确定，但应尽量避免对构件表面造成损伤。

5.5.13 在构件脱模后，构件如果出现严重缺陷，则不应出厂。如经修复可以使用，则需要单独制订处理方案，并经相关各方认可后方可进行处理。

5.6 混凝土预制构件出厂检验

5.6.1 根据工业产品的要求，检验一般按照抽样方式进行，由于预制构件的质量涉及公共安全，因此，要求出厂时生产企业应进行过逐件检验。出厂检验时包括构件安装标识的检查。

5.6.2 本条规定明确了在出厂时，构件存在的外观质量缺陷必须已经消除，否则不应出厂。

5.6.3 考虑到预制构件的特点，结合国内其他地区的经验，指标较 GB 50204 严格。

5.6.5 目前在装配式结构中，与传统的单一构件批量生产方式不同，预制构件的生产基本属于定制生产方式，其单次的生产批量有限，通常意义的构件结构性能检验既无法实施也不具有代表性，因此，对于预制构件的结构性能检验本规程规定根据设计文件要求或委托方要求进行。为了保证构件的质量，本规程对构件生产过程的质量控制提出了高于现场施工的要求。

6 混凝土预制构件运输及安装

6.1 一般规定

6.1.1 施工验算应包括吊具验算、吊点验算、构件抗裂验算等。特殊情况下应组织专家论证。

6.1.2 为了保证构件在运输和安装过程中具有足够的承载能力，且不易受到损坏，同时为了保证混凝土在 28 天时能够达到设计要求的强度等级，运输和安装时的混凝土强度不应太低。

6.1.3 由于预制构件的精度要求高于现场施工要求，因此，在安装前对现场施工部分的尺寸及埋件位置进行复查是必要的工作。

6.4 连 接

6.4.1 预制构件的柔性连接和刚性连接对结构的抗震性能以及在温度作用下的构件性能有明显的影响，需要在施工中特别注意。

6.4.3 柔性连接通常是指在一定条件下构件可以产生一定的位移，如简支楼梯在地震作用时通过允许产生一定位移从而消除楼梯的支撑效应，简支楼梯的连接施工中不应将楼梯与结构间的缝隙用高标号水泥砂浆或混凝土填实。

6.4.4 各类表面弹性密封材料均有其特定的施工条件,为了保证密封胶的施工质量,应遵照相应的施工条件要求进行施工。

6.4.5 构件的连接方式采用钢件连接时,连接应遵守钢结构设计、施工的相关要求。

7 成品保护

7.0.1~7.0.8 主要说明预制构件需要注意进行保护的内容,成品保护措施包括采取防护措施和管理措施两个方面,施工企业需要根据自身管理水平和能力决定。防护措施如采取表面覆盖等措施,管理措施如制订防护方案并监督执行。

8 生产质量保证

8.0.1 现行的预制构件生产企业资质等级有二级和三级，二级企业可以承担所有类型的构件制作。

8.0.2 预制构件生产企业在生产过程的内部质量控制中，需要进行大量的进场材料质量控制、中间过程的质量如混凝土脱模强度控制、工艺方案的确定以及出厂产品质量控制等，预制构件生产企业需要具备相应质量控制的能力，其中试验室是质量控制的硬件条件之一。

8.0.3 预制构件生产企业在建立 GB/T19000 管理体系时，必须结合预制构件生产企业的特点建立生产过程的质量保证制度及工程资料档案管理制度，其中工程资料档案管理制度是保证质量可追溯的重要条件，必要时委托方或质量管理部门可以要求企业提供相应的质量保证资料。

8.0.4 预制构件生产企业试验室属于企业质量内部控制的环节，定期与外部第三方检测机构进行试验结果的比对是完善质量控制的重要环节，是生产企业取得社会信任的要件之一。

8.0.5 为了有效地控制构件的质量，需要结合构件特点，采用工业化生产时，过程的质量监督不能仅仅依靠生产单位的自我监督，还需要外部监督，生产企业应当在方案中明确委托方或监理等第三方进入企业进行监督的关键环节，通常包括钢筋骨架制作完成、首批构件制作完成等。

8.0.6 生产过程中各类文本及图片包括了进场材料的相关资

料、半成品的检验资料、制作过程中关键环节的图片、图像资料等。

8.0.7 首次生产或生产较复杂的预制构件时,通过试生产可以比较全面地反映生产工艺参数及流程是否合理,减少质量缺陷。

8.0.8 设计文件要求对预制构件结构性能试验进行检验时,需要提供第三方检验报告,因此应由具备法定资格的第三方检测机构完成。

8.0.9 预制构件的生产是一个复杂的过程,非专业人士难以对其生产管理过程的有效性作出判断,而预制构件通常涉及公共安全问题,为了保证构件的生产质量,国外多由专业的协会等组织对预制构件生产企业的生产能力和质量保证措施进行确认,并向社会推荐。国内目前除了资质管理以外,尚未开展该项工作,本条规定是希望通过第三方能力认可提高预制构件生产企业的质量保证能力,逐步建立市场约束机制。

9 节能及环境保护

9.0.1~9.0.10 针对工业化混凝土预制构件在制作、运输及安装等环节,上述条款的目的主要是提醒在节能及环境保护方面应注意的事项。

10 安 全

10.0.1~10.0.8 针对工业化混凝土预制构件在制作、运输及安装等环节,上述条款的目的主要是提醒在安全方面重点需要关注的事项。

11 质量验收

11.1 一般规定

11.1.1 预制构件按照成品管理在进场时需要进行进场验收；预制构件现场安装完成后需要对安装的施工质量进行验收。根据实际工程条件，也可以将单位工程和预制构件分部工程进一步细分为子单位工程和子分部工程进行质量验收。

11.1.2 每一批进场的预制构件都需要进行进场质量验收，进场验收时监理应参加验收。

11.1.3 预制构件安装完成后的检验批一般按照楼层划分，对于如楼梯等每一楼层用量较少的构件，可以按照单位工程同类构件划分检验批。

11.1.4 为了加强对预制构件质量的管理，需要对预制构件的实体质量进行检验，实体质量检验分为钢筋根数和保护层厚度，在进场检验时应当完成。

11.1.5 混凝土预制构件结构性能检验是构件质量验收的重要环节，其检验过程需要监理工程师的监督，检验工作的实施可以由构件生产单位或委托方组织。

11.1.6 外墙板接缝的防水性能是保证外墙质量的重要环节，因此，在安装工作完成后必须进行接缝的现场淋水试验，试验方法按照《建筑幕墙》(GB/T 21086)规定进行。

11.2 混凝土预制构件进场验收

主控项目

11.2.6 构件的实体检验是保证构件质量的重要环节，现场复检体现了构件质量的控制不能仅仅依靠生产企业自检的基本准则。考虑到构件出厂时已进行过全数检测，在规定抽检数量时参照其他产品进场检验要求确定了抽检规则，根据构件的重要性不同规定了抽检数量。

11.2.7 构件在进场时，生产企业至少应当提供出厂时的混凝土强度值，作为验收条件，仍应按照 28 天的标养强度为准；针对构件在安装前混凝土尚未达到 28 天标养龄期的情况，如果有必要，进场时或安装前可以采取非破损检测方法进行混凝土强度的验证检测，此时可仅选取 1~2 个测区进行检测。当采用回弹法进行检测时，由于目前缺少早龄期混凝土专用曲线，应当注意该方法实际检测结果可能偏低。